BEI GRIN MACHT SICH IHR WISSEN BEZAHLT

- Wir veröffentlichen Ihre Hausarbeit, Bachelor- und Masterarbeit
- Ihr eigenes eBook und Buch - weltweit in allen wichtigen Shops
- Verdienen Sie an jedem Verkauf

Jetzt bei www.GRIN.com hochladen und kostenlos publizieren

Bibliografische Information der Deutschen Nationalbibliothek:

Die Deutsche Bibliothek verzeichnet diese Publikation in der Deutschen Nationalbibliografie; detaillierte bibliografische Daten sind im Internet über http://dnb.d-nb.de/ abrufbar.

Dieses Werk sowie alle darin enthaltenen einzelnen Beiträge und Abbildungen sind urheberrechtlich geschützt. Jede Verwertung, die nicht ausdrücklich vom Urheberrechtsschutz zugelassen ist, bedarf der vorherigen Zustimmung des Verlages. Das gilt insbesondere für Vervielfältigungen, Bearbeitungen, Übersetzungen, Mikroverfilmungen, Auswertungen durch Datenbanken und für die Einspeicherung und Verarbeitung in elektronische Systeme. Alle Rechte, auch die des auszugsweisen Nachdrucks, der fotomechanischen Wiedergabe (einschließlich Mikrokopie) sowie der Auswertung durch Datenbanken oder ähnliche Einrichtungen, vorbehalten.

Impressum:

Copyright © 2015 GRIN Verlag, Open Publishing GmbH
Druck und Bindung: Books on Demand GmbH, Norderstedt Germany
ISBN: 9783668535398

Dieses Buch bei GRIN:

http://www.grin.com/de/e-book/376269/leben-in-stadt-und-land-sachanalyse-zum-thema-fuer-den-geographieunterricht

Betül Can, Bahar Eker

Leben in Stadt und Land. Sachanalyse zum Thema für den Geographieunterricht 5. Klasse Gymnasium

GRIN Verlag

GRIN - Your knowledge has value

Der GRIN Verlag publiziert seit 1998 wissenschaftliche Arbeiten von Studenten, Hochschullehrern und anderen Akademikern als eBook und gedrucktes Buch. Die Verlagswebsite www.grin.com ist die ideale Plattform zur Veröffentlichung von Hausarbeiten, Abschlussarbeiten, wissenschaftlichen Aufsätzen, Dissertationen und Fachbüchern.

Besuchen Sie uns im Internet:

http://www.grin.com/

http://www.facebook.com/grincom

http://www.twitter.com/grin_com

M III: Fachdidaktisches Modul II, Teil 1 und 2

Verfasserinnen:
Betül Akpinar
Bahar Eker

Sachanalyse zum Thema „Leben in Stadt und Land"

Gliederung

1. Curriculare Legitimation 2
2. Ziel der Unterrichtseinheit 2
3. Stadt- Land- Gegensatz 2
4. Definition Stadt 3
5. Definition ländlicher Raum 4
6. Die Stadtgeschichte 5
7. Push-Pull Faktoren 6
8. Literaturverzeichnis 8

1. Curriculare Legitimation

Im Lehrplan des Landes NRW wird die Thematik „Leben in Stadt und Land" unter dem ersten Inhaltsfeld in der Jahrgangsstufe fünf für die gymnasiale Sekundarstufe I festgesetzt. Die Schwerpunkte liegen in der Grobgliederung einer Stadt sowie der Unterschiede in der Ausstattung von Stadt und Dorf. (vgl. Kernlehrplan 2007: 26).

2. Ziel der Unterrichtseinheit

Anhand des Themas „Stadt und Land in Deutschland" sollen die Schülerinnen und Schüler lernen sich im Nahraum zu orientieren, im engerem Sinne die Schulumgebung erforschen. Zudem sollen sie Stadt und Land als Räume unterschiedlicher Ausstattung wahrnehmen. Hier sollen sie auch die Situation von Pendlern und ihren Wegen zu zentralen Orten anhand des Beispiels der Schulumgebung herausarbeiten. Die Schülerinnen und Schüler sollen eine Grobgliederung der Stadt kennenlernen, indem sie die Gebäudenutzung in verschiedenen Vierteln untersuchen (vgl. Kernlehrplan, 2007: 26).

3. Stadt- Land- Gegensatz

„Stadt und Land werden im Zuge beginnender Verstädterung und Industrialisierung und des heraufkommenden Sozialismus im 19. Jahrhundert zur gängigen Formel, ja zum Inbegriff der politischen, sozialen und wirtschaftlichen Konfrontation der beiden großen Bereiche des sozialen Raumes" (Schweppe, 2000: 59). In der Soziologie geht man von einem fundamentalen Unterschied zwischen dem städtischen und ländlichen Sektor einer Gesellschaft und einem kaum überbrückbaren Gegensatz zwischen diesen beiden Sektoren aus (vgl. ebd.) Dadurch entstand das Modell der Stadt-Land-Dichotomie, das sowohl Konzepte zur Abgrenzung dieser beiden Räume als auch Ideologien zur Bewertung von Stadt und Land enthält. Anhand verschiedener Indikatoren bzw. Kriterien lassen sich Unterschiede beider Räume bestimmen. So werden dem Land folgende Kriterien zugeschrieben: kleine Siedlungseinheit, geringe Bevölkerungsdichte,

Naturnähe, Dominanz landwirtschaftlicher Tätigkeit und Homogenität der Bevölkerung. Dagegen gelten für die Stadt Indikatoren wie eine große Siedlungseinheit, hohe Bevölkerungsdichte, Naturferne, weitgehend nicht landwirtschaftliche Beschäftigungen und Heterogenität der Bevölkerung. Allerdings wurden die Ansätze dieses Modells kritisiert, da das Land über lange Zeit romantisiert und idealisiert wurde, wohingegen die Stadt als Synonym für das Schlechte, Künstliche und menschliche Verlorenheit stand. Andererseits galt die Stadt als fortschrittlich und das Land als rückständig (vgl. ebd.: 60f.). Aufgrund dieser Kritik konnte das Konzept der Stadt-Land-Dichotomie nicht standhalten und wurde überholt. Nach wie vor ist eine Abgrenzung von städtischem und ländlichem Raum schwierig, da „wirtschaftliche, soziale und kulturelle Raumkomponenten zu berücksichtigen sind" (ebd: 62). Nachfolgend soll dieses jedoch versucht werden.

4. Definition Stadt

Als besondere Merkmale der Stadt gelten Dichte und Zentrierung. Je nach kulturellem Kontext schwankt der Schwellenwert der Einwohnerzahl, jedoch lässt sich laut amtlicher Statistik ab 2000 bzw. ab 5000 Einwohnern von einer Stadt sprechen. Demnach besteht hier eine bauliche Dichte mit überwiegend mehrgeschossigen Häusern und einer räumlichen Konzentration von Wohn- und Arbeitsstätten. Die höchsten Dichten werden in zentralen Stadtteilen erreicht. Im Verdichtungsraum lassen sich die Grunddaseinsfunktionen in eine innere Differenzierung in Stadtviertel (z.B. Industrie-, Wohn-, Geschäftsviertel) aufweisen. Zudem besitzt sie eine hohe innere und äußere Verkehrserschließung. Die Arbeitsplätze im tertiären und sekundären Sektor dominieren als zentraler Ort. Darüber hinaus übersteigen die vorhandenen Dienstleistungs-, Handels-, Verwaltungs- und kulturellen Einrichtungen den Eigenbedarf. Die Stadt zeigt eine bestimmte sozioökonomische Struktur auf und gilt als Zentrum wirtschaftlicher und politischer Prozesse. Die Industrie, Gewerbe und besonders die Dienstleistungen bestimmen hier die Erwerbstätigkeit. Durch die hohe Zahl an Arbeitsplätzen wird ein Einpendlerüberschuss aus dem Stadt-Umland hervorgerufen. Die genannten ökonomischen und sozialen Merkmale bilden eine besondere Grundlage für intensive Stadt-Umland-Beziehungen (vgl. Fassmann, 2009: 44f.).

5. Definition ländlicher Raum

Der ländliche Raum wird nach der Raumordnung als "Restgröße" angesehen. Somit steht er für ein Gebiet, das weder Verdichtungsraum noch Randzone eines Verdichtungsraumes ist und in diesem Sinne einen Gegensatz zum städtischen Raum darstellt. Die Funktion ländlicher Räume besteht in der Erzeugung von Nahrungsgütern und Rohstoffen sowie des auf dem Land ansässigen Gewerbes. Zudem befinden sich hier „Wohngebiete der (kleineren) landwirtschaftlich tätigen und der (größeren) nicht landwirtschaftlich tätigen Bevölkerung, Flächenreserven für Siedlungsausbau, Gewerbe und Verkehrsanlagen, Erholungsräume der städtischen Bevölkerung sowie ökologische Ausgleichsräume." (Lexikon der Geographie, 2001). Des Weiteren gelten die Agrarquote, Bevölkerungsdichte, Freiflächenanteile und das Bruttoinlandsprodukt als Abgrenzungskriterien zum städtischen Raum. Tiefgreifende Veränderungen der Erwerbsstruktur und der hochtourigen Mobilität der letzten Jahrzehnte haben jedoch dazu geführt, dass eine Abgrenzung des zunehmenden Stadt-Land-Kontinuums kaum mehr möglich ist. Der ländliche Raum wurde nämlich durch den Übergang von der Agrar- zur Industrie- und Städtegesellschaft seit der Industriellen Revolution nachhaltig verändert. Die Stadt hat das Dorf stark beeinflusst, sodass sich seine Funktionen und traditionellen Lebensinhalte gewandelt haben. Auf diese Weise wurde das Dorf zum Wohnstandort nicht landwirtschaftlicher Erwerbspersonen sondern zum Migrationsraum städtischer Bewohner. Zudem wird hier eine fehlende oder nicht ausreichende Anbindung an das Fernverkehrsnetz deutlich. Durch den fehlenden Zugang zum Arbeitsplatzangebot und dem meist hochwertigen Infrastrukturangebot der Verdichtungsräume werden Mängel im Bereich der Erwerbs- und Infrastruktur hervorgerufen. Dennoch bewahrt das Dorf sein Bild von "naturnaher, einer immer noch vorhandenen Land- und Forstwirtschaft geprägter Siedlungs- und Landschaftsraum mit geringer Bevölkerungs- und Bebauungsdichte sowie niedriger Zentralität der Orte, aber höherer Dichte der zwischenmenschlichen Beziehungen." (Lexikon der Geographie, 2001).

6. Die Stadtgeschichte

Die Stadt ist im Laufe ihrer Geschichte großen Veränderungen unterworfen. Dies ist vor allem im 19. Jahrhundert zu erkennen, als die Industrielle Revolution Millionen von Arbeiter in die Städte zog. Im Mittelalter hat sich das Gesamtbild der unstrukturierten Stadt nur wenig verändert. Doch die Zerstörungen während des Dreißigjährigen Krieges und der aus Frankreich kommende Absolutismus führten zu einer Veränderung der Städte. Der Adel hatte bereits zu Beginn des 16. Jahrhunderts angefangen, aus den Burgen in wesentlich wohnlichere Schlösser umzuziehen. „Durch die Verlegung des Herrschaftssitzes in die Stadt und der Verankerung von herrschaftlichen Amtsgebäuden und neuen handwerklichen Zulieferungsbetrieben entwickelte sich aus der mittelalterlichen Herrschaft eine neuzeitliche Residenzstadt" (Riesner). Außerdem wurden die Städte nach absolutistischen Vorbildern umgestaltet. Die mittelalterlichen Städte waren an die Landschaft angepasst und scheinbar willkürlich gewachsen, während mit Beginn der Renaissance im 17. Jahrhundert der Hang zu Symmetrie, klaren Strukturen und klaren Achsen hervortrat. Andererseits bestand durch die absolutistischen Baumaßnahmen eine begrenzte Entwicklungsmöglichkeit des Handels und des Gewerbes. Zum einen nahmen die Neubauten sehr viel Baugrund für sich in Anspruch und zum anderen wurden in vielen Städten Festungsbauten errichtet, sodass die Stadt mit mächtigen Mauern eingegrenzt wurde. Des Weiteren kam es zu einem starken Zuzug aus dem Umland. Durch diese im Absolutismus entstandene Stadtplanung profitierte die städtebauliche Entwicklung der Industriellen Revolution. So konnte die Ansiedlung neuer Fabriken besser organisiert und geplant werden. Allerdings entstand durch die Bevölkerungsexplosion des 18. Jahrhunderts das Problem der Wohnplanung. Durch das rapide Wachstum der Industrie und dem enormen Zustrom von Arbeitern verkleinerte sich nämlich der zur Verfügung stehende Wohnraum. Auf diese Weise vervielfachten die Städte mit großem Industriewachstum ihre Einwohnerzahl und Größe innerhalb weniger Jahre.

„Bedingt durch das starke Wachstum und unterstützt durch die Städteplanung wurden die Stadtteile zunehmend durchstrukturiert und in Funktionsräume unterteilt" (Riesner). Dadurch wurde die ursprüngliche Stadt, um die sich die neuen Ortsteile entwickelt hatten, zum Stadtzentrum. Zudem wurden auch die Stadtbefestigungen, die keine Funktion mehr erfüllten, im Laufe des 19. Jahrhunderts teilweise entfernt, um breitere Straßen errichten zu können, die den neuen Verkehrsanforderungen gerecht wurden. Man führte eine entsprechende Infrastruktur mit Einkaufsmöglichkeiten, Versammlungshallen sowie Bars und Restaurants ein. Somit kam es während der Industriellen Revolution ausschließlich auf Funktionalität an. Da nun auch die schnelle Verbindung innerhalb der Stadt im Vordergrund stand, wurde den Straßen eine größere Bedeutung zugeschrieben. So gehörten Hoheits-, Verkehrs- und Dienstleistungsaufgaben zu besonderen Merkmalen der Zentralstadt, die durch die Industrialisierung erforderlich wurden. Auf diese Weise entstand die typische Industriestadt, die aus Industrie- und Wohngebieten zusammen mit den zentralen Einrichtungen zu einem gesamten Stadtbild zusammenwuchs. „Die Umwälzungen der Industriellen Revolution veränderten die Struktur der Städte, die innerhalb von Jahrhunderten gewachsen war, oft schon innerhalb weniger Jahre vollkommen" (Riesner).

7. Push-Pull Faktoren

In dem Push-Pull-Modell wird allgemein davon ausgegangen, dass einerseits Auswanderung durch Faktoren der Vertreibung (Push) und andererseits Faktoren der Anziehung (Pull) ausgelöst wird. Push-Faktoren stellen dabei Bedingungen am Herkunftsort dar, die als abstoßend oder bedrohlich empfunden werden und Menschen dazu bewegen bzw. zwingen, ihre Heimat, zu verlassen. Pull-Faktoren entstehen in den Zielregionen, in dem sie etwas bieten, was für abwanderungsbereite Angehörige anderer Staaten anziehend wirkt (Nuscheler, 1995: 32). Stadt-Land-Wanderung wird von verschiedenen Faktoren beeinflusst. Diese umfassen sowohl demographische, ökonomische, politische, gesellschaftliche, ökologische, oder auch individuelle Faktoren, die unabhängig von ihrem objektiven Vorhandensein subjektiv empfunden werden. Alle Faktoren des Herkunftsortes der Migranten werden unter den Push- Faktoren verstanden, welche u.a. der Arbeitsmarkt, politische oder religiöse Verfolgung, Umwelt- und Naturkatastrophen oder Kriege jeder Art sein können. Unter den Pull- Faktoren werden hingehen die Faktoren des Zielortes zusammengefasst, die zur Immigration motivieren. Zu diesen gehören u.a. bessere Arbeits-bedingungen, politische Stabilität, religiöse Glaubensfreiheit und durchlässigere Sozialstrukturen (Lee, 1972: 118 f.). Als Push-Faktoren (Druckfaktoren), die für nachteilige Strukturmerkmale des ländlichen Raums gelten, zählen der niedrige Lebensstandard, die unzureichende Ernährungslage infolge der Landknappheit sowie die Arbeitslosigkeit. Außerdem wandert der Mensch vom Land zur Stadt aufgrund von Unterdrückung durch den Grundbesitzer, Ausbeutung durch Zwischenhändler, mangelnde Versorgung mit öffentlichen Dienstleistungen (Schule, Krankenhaus etc.), geringe Teilnahmemöglichkeit an Gütern und Dienstleistungen des Staates, erstarrte Sozialstrukturen, mangelnde Innovationsbereitschaft sowie Ernterisiko durch Witterungseinflüsse bzw. Bodenzerstörung. Unter den Pull-Faktoren (Sogfaktoren), die für attraktive Strukturmerkmale des städtischen Raums gelten, gehören Arbeitsmöglichkeiten, höherer Verdienst, Aufstiegschancen, größere persönliche Freiheit, größere Auswahl an öffentlichen Infrastruktur- einrichtungen (Schule, Krankenhaus etc.), größere Teilnahmemöglichkeit an Gütern und Dienstleistungen des Staates sowie abwechslungsreicherer Lebensalltag. Es gibt persönliche Motive, die zu Entscheidungen von Pull- oder Push-Faktoren führen. Primär zählt der Glaube an eine Verbesserung der Situation. Zudem wird der Mensch durch außengeleitetes Verhalten sowie durch Medien beeinflusst und geführt. Berichte von Besuchern aus der Stadt und die Saisonarbeit in der Stadt, z.B. auf Baustellen zählen genauso zu den Motiven (Treibel, 1999: 324).

Es müssen in gewissem Maße Push-Faktoren immer vorliegen, damit Migration erfolgt, da zumindest eine gewisse Unzufriedenheit im Wohnort bestehen muss, um die Aufgabe der sozialen Bindungen an den Wohnort in Kauf zu nehmen und natürlicher Trägheit zu überwinden. Dagegen müssen Pull-Faktoren nicht unbedingt vorhanden sein, da starke Schub-Faktoren (z.B. Ereignisse, die das Leben unmittelbar bedrohen) für die Entscheidung, den Wohnort zu verlassen, ausreichend sein können (Nuscheler, 1995:32).

8. Literaturverzeichnis

Henkel, G. (1995): Der ländliche Raum. Gegenwart und Wandlungsprozesse seit dem 19. Jahrhundert.Stuttgart. http://www.spektrum.de/lexikon/geographie/laendlicher-raum/4553 [10.11.2015]

Lee, Everett S. (1972): Eine Theorie der Wanderung. In: Széll, G. (Hg.): Regionale Mobilität. Nymphenburger Verlagshandlung, München, S. 117–129.

Nuschler, Franz 1995: Internationale Migration. Flucht und Asyl. Grundwissen Politik, Bd. 14. Opladen: Leske + Budrich.

Ministerium für Schule und Weiterbildung des Landes Nordrhein-Westfalen Qualitäts- und Unterstützungsagentur- Landesinstitut für Schule (2015) http://www.schulentwicklung.nrw.de/lehrplaene/upload/lehrplaene_download/gymnasium_g8/gym8_erdkunde.pdf [10.11.2015].

Schweppe, C. (2000): Biographie und Alter(n) auf dem Land. Lebenssituation und Lebensentwürfe. Wiesbaden.

Riesner, J. (o.J.): Die Entwicklung der Stadt im Industriezeitalter. http://industriegeschichte.webseiten.cc/startseite-industriegeschichte/lexikon/die-geschichte-der-industriellen-revolution/beitrag/die-entwicklung-der-stadt-im-industrieze.html [10.11.2015].

Treibel, Annette (1999): Migration in modernen Gesellschaften: Soziale Folgen von Einwanderung, Gastarbeit und Flucht. 2. Aufl. Weinheim; München: Juventa Verlag.

BEI GRIN MACHT SICH IHR WISSEN BEZAHLT

- Wir veröffentlichen Ihre Hausarbeit, Bachelor- und Masterarbeit

- Ihr eigenes eBook und Buch - weltweit in allen wichtigen Shops

- Verdienen Sie an jedem Verkauf

Jetzt bei www.GRIN.com hochladen und kostenlos publizieren